Ein Buch aus der Reihe

Management konkret

Ingo Vögele

Kundengewinnung im lokalen Umfeld

Akquise konkret

UVK Verlagsgesellschaft mbH
Konstanz und München

Bibliografische Information der Deutschen Bibliothek
Die Deutsche Bibliothek verzeichnet diese Publikation in der Deutschen Nationalbibliografie; detaillierte bibliografische Daten sind im Internet über <http://dnb.ddb.de> abrufbar.

ISBN 978-3-86764-562-1

Einbandgestaltung: Susanne Fuellhaas, Konstanz
Einbandmotiv: dryp, iStockphoto.com

UVK Verlagsgesellschaft mbH
Schützenstraße 24 · 78462 Konstanz
Tel. 07531-9053-0 · Fax 07531-9053-98
www.uvk.de

Haben Sie genug Kunden?

Wetten, dass Sie, wie 9 von 10 Unternehmern, an dieser Stelle zugeben werden, dass es durchaus mehr (oder andere) sein dürften?

Dann möchte ich Ihnen mit diesem Buch einen schnellen und praxisnahen Überblick über die wichtigsten Möglichkeiten und Marketing-Module zur Kundengewinnung in Ihrem lokalen Umfeld bereitstellen. Suchen Sie sich das für Sie passende Instrument (oder besser eine strategische Kombination mehrerer Maßnahmen) heraus, und gehen Sie besser heute als morgen damit auf Kundenfang!

Sollten Sie zu den wenigen Unternehmern gehören, die von der Kapazität her am Anschlag operieren und mit ihrer Ertragslage mehr als zufrieden sind, dann empfehle ich Ihnen trotzdem weiterzulesen – denn die neuen Kontakte, die Sie heute gewinnen können, sind vielleicht schon morgen Ihre neuen Kunden. Wissen Sie ganz sicher, was morgen sein wird?

Aus meiner nun 25-jährigen Berufspraxis in der Beratung von mittelständischen Unternehmen aller möglicher Branchen und Betriebsgrößen weiß ich, dass kontinuierliche Kundengewinnung/Akquisition die wichtigste strategische Maßnahme zur Sicherung des Wachstums, ja sogar zur Zukunftssicherung von Unternehmen ist.

In elf mit praktischen Beispielen gespickten Kapiteln erhalten Sie hier direkt umsetzbare Tipps und weiterführende Informationen für die erfolgreiche Kundengewinnung in Ihrem lokalen Umfeld. In einem später in dieser Reihe folgenden E-Book widme ich mich dann der Kundengewinnung durch Online-Maßnahmen.

Seien Sie also gespannt!

Nun wünsche ich Ihnen eine gute und inspirative Lektüre.

Ihr Ingo Vögele

Unternehmensberater (zertifiziert durch das IBWF-Institut)

Geschäftsführender Gesellschafter
modus_vm GmbH & Co. KG
Unternehmensberatung für modulares Marketing Stuttgart

Inhaltsverzeichnis

1 Kundengewinnung durch Marktforschung

Nichts ist eleganter, um Kunden an ein neues Produkt oder eine neue Dienstleistung heranzuführen, als eine unverbindliche Probe, Teststellung oder Verkostung. Voraussetzung für den Erfolg einer solchen Maßnahme ist natürlich, dass Ihr Angebot einen wesentlichen Mehrwert, deutlicheren Kundennutzen oder bislang unbekannte Eigenschaften gegenüber vergleichbaren Mitbewerbern besitzt. Ebenso ist es natürlich immer ein zugkräftiges Argument, wenn Ihre Leistung im Vergleich zu bereits am Markt bekannten Angeboten einen deutlichen Preisvorteil bietet.

Nach dem Motto „**Wenn der Berg nicht zum Propheten kommt, muss der Prophet eben zum Berg gehen**“ können Sie Ihre Leistungen zum potenziellen Kunden bringen. Völlig unverfänglich kann sich so der aufgeschlossene „Noch-nicht-Kunde“ mit Ihrer Leistung auseinandersetzen, es besteht schließlich kein Kaufzwang. Aber Achtung: Vor allzu freizügiger Streuung von Warenproben oder kostenlosen Dienstleistungen warne ich an dieser Stelle deutlich. Das kann Sie eine Menge Aufwand und Geld kosten und bringt am Ende nicht das gewünschte Ergebnis.

Warum „Marktforschung“?

Ihre Erfolgschancen steigen mit der Interaktion, also den direkten Kommunikationsmöglichkeiten. Koppeln Sie den Test stets an eine detaillierte Befragung und holen Sie sich ein umfassendes Feedback ein!

- Der so befragte Kunde ist in Ihr Thema involviert, d. h. er merkt, dass seine Meinung wichtig für Sie ist.
- Sie erhalten wertvolle Informationen über Markthemmnisse oder Verbesserungsmöglichkeiten.
- Sie können eventuellen Einwänden sofort 1:1 begegnen.
- Sie erfahren viel über die Kundeneinstellung zu Wettbewerbsprodukten.

- Sie sammeln Kontaktinformationen für Ihre weiteren Marketingmaßnahmen, z. B. Adressen für Ihren Newsletter-Dienst oder Direktmailings.

Die Vorgehensweise

So unterschiedlich wie die verschiedenen Wirtschaftszweige, die Produkte und Leistungen sowie die Zielgruppen/potenziellen Kunden (Geschäftskunden oder Endverbraucher) ist auch die richtige Vorgehensweise. Den einzigen goldenen Tipp kann es daher leider an dieser Stelle von mir nicht geben.

- Grundsätzlich sollten Sie jedoch Ihre Wunschkunden selektieren und überlegen, wo und wie Sie diese zielgerichtet erreichen. Persönlich auf dem Marktplatz, an der Haustür, auf einer Fachmesse, telefonisch, per **Direktmailing**, über **Social Media**...?
- Formulieren Sie Ihre klare Botschaft: „Testen Sie kostenlos und unverbindlich ... und sagen Sie uns, was Sie von ... halten".
- Bei Leistungen für Geschäftskunden können Sie, insbesondere bei neuen Produkten oder Leistungen, das Statement des Testers (natürlich mit dessen Genehmigung) u. U. als **Referenz** nutzen.
- Denken Sie sich aus, was Sie als Dankeschön anbieten können!
- Fassen Sie unbedingt nach!

In der Regel generieren Sie über diese Maßnahme direkt neue Kunden, denn ein gewisser Teil der Befragten wird idealerweise von Ihrem Angebot begeistert sein – sofern das Angebot stimmt.

Beispiele

Um die Sache greifbar zu machen, gebe ich Ihnen hier einige Beispiele, die ich erfolgreich mit Kunden durchgeführt oder „auf der anderen Seite" als potenzieller Kunde erlebt habe:

1. Bäckerei / Verkostung von Brezeln

Kostenlose Verteilung von Brezeln durch Hostessen an den Haustüren in den umliegenden Wohngebieten. Beigefügter Fragebogen mit Imagedarstellung und Gewinnmöglichkeit eines einjährigen Brezel-Abos bei Rückgabe des Fragebogens in der Filiale.

2. Hersteller von Büromöbeln / Probestellung eines neuen Bürostuhls

Nach telefonischer Vorankündigung erfolgt die Anlieferung eines Bürostuhls, mit der Möglichkeit, diesen für 14 Tage in der Praxis zu erproben. Kurz vor der Abholung erfolgt eine kurze telefonische Befragung zu Design, Ergonomie und Preis. Durch die Auslobung eines Sonderpreises könnte hier u. U. die Abholung vermieden werden (was in diesem Fall zu meiner Verwunderung nicht erfolgt ist).

3. Mineralbrunnen / Verkostung eines Produktes in Getränkemärkten

Sie kennen das bestimmt! Im Getränkemarkt oder Lebensmitteleinzelhandel stehen immer wieder Propagandisten mit Verkostungen bereit. Aber: Hier sollte es nicht (nur) darum gehen, kurzfristig den Absatz einer Marke zu forcieren, sondern die Verbrauchermeinung einzuholen und – natürlich – Adressen zu generieren. Leider beschränken sich diese Initiativen viel zu oft darauf, lediglich ein Werbegeschenk oder eine Zugabe zu verteilen. Die Chance zum nachhaltigen Dialog wird oft verpasst.

4. Kosmetik / Verbraucherbefragung über Sonnenschutz-Kosmetik

Ein aus marketingtechnischer Sicht vorbildliches Beispiel habe ich am Strand auf den Kanaren erlebt. Ein Promotion-Team „interviewte“ meine Familie und mich über unsere Gewohnheiten und Präferenzen bezüglich der Sonnenschutz-Kosmetik. Nach der Erfassung unserer Daten und Neigungen offerierte man uns eine großzügige kostenlose Warenprobe, die mehrere Flaschen eines neuen Produktes in Schaumform mit unterschiedlichsten Schutzfaktoren enthielt. Nachdem wir wieder zu Hause angekommen waren, erhielten wir – wie angekündigt – einen Anruf, bei dem wir zu unseren Erfahrungen mit diesem Produkt befragt wurden. Viele weitere Beispiele könnte ich hier nennen, auch im Bereich der

Dienstleistungen, doch das würde den Rahmen sprengen. Mit etwas Kreativität und/oder guter Beratung fällt Ihnen bestimmt eine geeignete Möglichkeit ein, Ihren „Berg“ zum „Propheten“ zu holen.

2 Kundengewinnung durch ehrenamtliche Aktivitäten

Für eine erfolgreiche Kundengewinnung gibt es die unterschiedlichsten Strategien, Marketing-Module und Werbemaßnahmen.

Das Naheliegendste wird aber häufig übersehen: die persönliche Bekanntschaft oder das sogenannte „**Vitamin B**". Natürlich hilft ein großer – aktiv gepflegter – persönlicher Bekanntenkreis sehr bei der Gewinnung neuer Kunden über „**Mund-zu-Mund-Propaganda**". Dies gilt insbesondere, wenn man sich im Einzelhandel, im Handwerk oder in der Gastronomie selbstständig macht. Wenn Sie aber z. B. Spritzgussteile herstellen, dann schränkt sich der persönliche Bekanntenkreis als potenzielle Abnahmequelle in der Regel doch stark ein. Also gilt es, sich in Organisationen der Zielgruppe, z. B. in **Fachverbänden**, zu organisieren und zu engagieren – sprich: sich einen Namen zu machen. Hierbei eignet sich insbesondere die Übernahme von Verantwortung in Form von **ehrenamtlichen Aktivitäten.**

Meine persönliche Erfahrung bestätigt mir, dass es sich absolut lohnt, sich auf verschiedenen Ebenen, in verschiedenen Organisationen einzubringen. Ein beliebtes Klischee besagt ja, dass die besten Geschäfte auf dem Golfplatz gemacht werden. Das mag tatsächlich stimmen. Ganz so „sophisticated" muss man da aber nicht herangehen, denn auch im Kleintierzüchter- oder Sportverein sitzen mitunter genügend interessante Geschäftsleute und somit potenzielle Kunden. Idealerweise engagiert man sich in lokalen, regionalen oder überregionalen Organisationen, in denen man seine Zielkunden vermutet und diese dann auch sukzessive persönlich kennenlernt. Neben der rein passiven Mitgliedschaft hilft es natürlich sehr, wenn man eine exponierte Funktion bzw. ein **Ehrenamt** übernimmt, z. B. als Beirat, Vorstand, Kassierer, Schriftführer, Pressesprecher...

Darüber hinaus sollte man natürlich auf wichtigen Veranstaltungen, Vorträgen etc. präsent sein und die Gelegenheit zum **Smalltalk** mit anderen Gästen nutzen. Irgendwann kommt immer die Frage: „Und was machen Sie denn so?" – dies ist die große Chance und der erhebliche Vorteil gegenüber einem virtuellen sozialen Netzwerk.

Meine Erkenntnisse beruhen auf den Tätigkeiten als Beirat und Pressesprecher im hiesigen Handels- und Gewerbeverein (dem VVF e.V.) und als Leiter des Arbeitskreises „Marketing" sowie als Mitorganisator einer regionalen Veranstaltungsreihe im größten deutschen Beraternetzwerk für Unternehmensberater, Steuerberater und Rechtsanwälte (dem IBWF e.V. – Kooperationspartner des BVMW e.V.). Die Aufträge, die ich in diesen Netzwerken oder über sie in den vergangenen Jahren gewonnen habe, tragen erheblich zum Erfolg meines Unternehmens bei.

Aber Achtung: Der Zeitaufwand ist nicht unerheblich und der Erfolg stellt sich nicht über Nacht ein. **Es ist Geduld gefragt**, darüber muss man sich im Vorfeld klar sein.

Meine Lieblings-Anekdote zu diesem Thema:

> Einen sehr guten und langjährigen Kunden konnten wir gewinnen, da mich der Senior-Chef dieses Unternehmens auf einem Fachvortrag in einem Stuttgarter Hotel hörte und mich wenige Minuten danach, auf der Toilette neben mir stehend, bat, doch mal unser Leistungsspektrum in seinem Unternehmen persönlich vorzustellen. Davor hatten wir über ein Jahr Akquise beim Markting- und Vertriebsleiter betrieben – ergebnislos. Tja, so kann es gehen.

3 Kundengewinnung durch Guerilla-Marketing

Um möglichst schnell und zielgerichtet eine große Aufmerksamkeit bei potenziellen neuen Kunden zu erregen, bieten sich besonders spektakuläre Maßnahmen des sog. „Guerilla-Marketings" an. Unter diesem Oberbegriff werden alle Maßnahmen zusammengefasst, die eine Zielgruppe mit unkonventionellen Methoden über unkonventionelle Kanäle erreicht. Dies findet häufig am Rande der Legalität statt und erfordert ein enormes Maß an Kreativität, Mut bzw. auch die Bereitschaft, eventuelle Abmahnungen oder Strafen hinzunehmen. Eine exakte Definition gibt uns Wikipedia.

Taktiken des Guerilla-Marketings

Nach Wikipedia gibt es (auszugsweise) folgende Beispiele für Taktiken:

- Mundpropaganda
- den Konsumenten bei seiner täglichen Tätigkeit erreichen, z. B. durch E-Mails
- Sticker- und Plakat-Kampagnen
- „Stirn-/Headvertise"-Kampagnen
- Bluejacking: Senden einer persönlichen Nachricht via Bluetooth
- Fahrzeugwerbung
- T-Shirts
- Schleichwerbung
- Werbung auf dem Kassenbon
- Streetbranding: Anbringen von Schablonenbildern o.Ä. auf Straßen oder Wänden
- Projektion von Bildern, Texten oder Videos auf öffentlichen Flächen.

Mit dieser Auflistung bin ich allerdings nicht ganz einverstanden, denn da ist doch einiges unscharf. So würde ich z. B. Mundpropaganda dem Empfehlungsmarketing zuschreiben. E-Mail-Marketing ist für mich ein eigenständiges Marketinginstrument, es sei denn, man möchte Spam-Mails als „Guerilla-Taktik“ bezeichnen. Fahrzeugwerbung und T-Shirts sind eher schon den klassischen Maßnahmen zuzuordnen, außer man platziert sein Fahrzeug direkt vor dem Gebäude des Wettbewerbers und zeigt sich mit seinem T-Shirt geschickt vor einer Fernsehkamera. Werbung auf dem Kassenbon würde ich eher unter **Kundenbindungsmaßnahmen** einsortieren.

Guerilla-Marketing ist, wie der an eine besondere Form der kleinteiligen Kriegsführung (gegen einen übermächtigen Gegner) angelehnte Name unmissverständlich klarmacht, radikaler, öffentlichkeitswirksamer und überraschender.

Bekannte und bemerkenswerte Beispiele

Da gerade bei dieser Form des Marketings Kreativität, Originalität und Frechheit mehr gefragt sind, als sämtliche wissenschaftliche Definitionen vermuten lassen, hier einige richtungsweisende Beispiele zur Illustration der vielfältigen Möglichkeiten:

- die **Beer Babes** bei der FIFA-WM 2006: Schleichwerbung ohne Werbung
- ganz ähnlich gelagert, aber noch viel plumper und vielleicht dadurch erfolgreicher: die **Dekolleté-Schleichwerbung** durch das Model Larissa Riquelme bei der FIFA-WM 2010 in Südafrika
- die **Arschkriecher-Aktion** im Millerntor-Stadion: provokante Werbeaktion für jobsintown.de (http://www.jobsintown.de/fileadmin/jobsintown/werbekampagne/jobsintown-arschkriecher.pdf)
- das **Cellulite-Sofa** als plausible Visualisierung der Wirkung von Nivea
- die **Leiche im Kofferraum** als dramatische Kampagne für die Mafia-Fernsehserie „The Sopranos“

- der **Parkbankstempel** als sehr hautnahe Kampagne für Shorts der Modemarke „Superette“
- die **Muschelfalle** – eine schöne, auf die typisch menschliche Neugier abzielende Aktion eines Restaurants in Mumbai, Indien
- der **Castor-Coup** von Sixt – eine legendäre Aktion, bei der sich Propagandisten von Sixt öffentlichkeitswirksam unter Anti-Atomkraft-Demonstranten gemischt haben
- der **Zebrastreifen** von Meister Proper – eine saubere Straßenaktion, die sofort verständlich ist
- der **Mercedesstern** von Mercedes Benz – eine preisgekrönte Aktion als Einladung zur Testfahrt
- die Aktion **Jeep Parking** – mit ganz wenig Farbe ist vieles ausgesagt (http://www.guerilla-marketing.com/weblog/wp-content/uploads/2007/11/11-02-Guerilla_Jeep1.jpg)
- die **Post-it-Aktion** von Germanwings – an allen Briefkästen im gesamten Stadtbezirk (http://www.unternehmerimpulse.de/images/stories/blog/ layout/Guerilla_Germanwings.jpg)
- die Aktion **Dramatic Surprise** – eine aufwendige Guerilla-Maßnahme eines belgischen Fernsehsenders (http://youtube/316AzLYfAzw)

Allen Maßnahmen ist gemeinsam, dass sie für ein vergleichsweise kleines Budget (bis auf das letzte Beispiel) eine enorm große Wirkung entfacht haben, direkt vor Ort als **Mund-zu-Mund-Propaganda** und speziell durch die massive nachfolgende Medienpräsenz sowie die massenhafte virale Verbreitung in Foren, Blogs und Sozialen Netzwerken.

Eine kleine Anekdote aus eigener Erfahrung will ich noch zum Besten geben. Denn es gibt natürlich auch Guerilla-Maßnahmen, die im B-to-B-Bereich eingesetzt werden können:

Hierzu blicke ich einige Jahre zurück, als ich einen der größten europäischen Fachverbände für Küchenspezialisten betreute. Damals, wie heute, war der Wettkampf um Mitglieder enorm und es waren geradezu unerbittliche Vertriebsaktivitäten aller konkurrierenden Verbände damit gebunden, sich gegenseitig die „Kunden“ abzunehmen. In der Spitze führte das so weit, dass anlässlich einer Jahreshauptversammlung des Verbandes „X“ mitten in der Nacht an alle Hotelzimmertüren der über 300 Tagungsteilnehmer sog. „Welcome-Packages“ des konkurrierenden Verbandes „Y“ gehängt wurden. Darin enthalten: eine edle Dokumentenmappe mit der Auflistung der Vorteile einer Mitgliedschaft im Verband „Y“, ein Mitgliedsantrag, Prospektmaterial und mehrere hochwertige Schreibgeräte. Die unverschämte Aktion zog natürlich ihre Wellen und überschattete somit diese Verbandstagung erheblich – also ein Erfolg!

Aber genau hier sind wir auch bei den Schattenseiten des Guerilla-Marketings. Diese Maßnahmen sind in erster Linie dazu geeignet, Aufmerksamkeit zu erregen. Bestenfalls, wenn die Aktion gut gemacht ist, erzeugt man auch noch **Sympathiewerte.**

Dies sind zwar die ersten beiden Hürden auf dem Weg zu einer positiven (Kauf-) Entscheidung, also Kundengewinnung. Für eine reine und direkte Kundengewinnungsstrategie kann Guerilla-Marketing alleine aber nicht dienen. Es kann nur ergänzend, eingebettet in ein **strategisches Kommunikationskonzept**, eingesetzt werden und auch nur, wenn es sich um eine wirklich originelle Aktion handelt.

Mögliche rechtliche Konsequenzen

Wenn Sie nun inspiriert sind und für Ihr Unternehmen eine solche Kampagne oder Aktion planen, dann sollten Sie sich auf jeden Fall vorher Tipps von einem qualifizierten Marketingberater und einem auf Wettbewerbsrecht spezialisierten Fachanwalt einholen. Über mögliche rechtliche Konsequenzen, z. B. bei einer unangemeldeten

Aktion im öffentlichen Raum, sollten Sie vorher Bescheid wissen und abwägen, ob Sie das Risiko auf sich nehmen. Darüber hinaus sind nationale, regionale und kommunale Besonderheiten zu beachten, z. B. gelten in deutschen Städten ganz unterschiedliche Bestimmungen (und Genehmigungsverfahren) für **Werbeaktionen im öffentlichen Raum.** Auch die Strafen für wildes Plakatieren etc. unterscheiden sich, was die Standortauswahl für Ihre Aktion beeinflussen sollte.

4 Kundengewinnung durch Kooperationen

Erfolgreiche Jagd im Verbund

Wenn man einmal (und das ist für mich ein sehr zutreffendes Bild) die Kundengewinnung von Unternehmen mit der Jagd nach Nahrung bei Tieren in freier Wildbahn vergleicht, dann gibt es eine deutliche Parallele:

> Bei der Jagd sind immer die am erfolgreichsten, die **gut koordiniert in einer Gruppe agieren.**

Will heißen: Der Aufwand für den Einzelnen reduziert sich, die Chance auf den gemeinsamen Fang wird maximiert und die Beute wird (beispielsweise bei einem Löwenrudel) geteilt.

Die beiden ersten Vorteile einer gemeinsamen Jagd können bei einer strategisch-kooperativen Kundengewinnung 1:1 angewandt werden, nämlich **reduzierter Aufwand und höhere Chance auf Erfolg.** Die sog. Beuteteilung fällt im unternehmerischen Bereich allerdings ganz anders aus, denn es werden sich hier wohl kaum zwei „Artgenossen“ um den neuen gemeinsamen Kunden balgen. Ferner bestimmt nicht das Gesetz des Stärkeren, sondern es gibt **klare Vereinbarungen**, wie geteilt wird.

Durch Kooperation Mehrwerte schaffen

Erfolgreiche gemeinsame Kundengewinnung kann nur dann funktionieren, wenn die beteiligten Partner sich in ihren Leistungen klar abgrenzen und durch die Kombination ihrer unterschiedlichen Leistungen einen spürbaren **Kundennutzen mit Mehrwert** bilden. Der Kunde ist also der Nutznießer einer solchen Kooperation, nicht das „Opfer“.

Ideale Kombinationen, inspirative Beispiele

- Zielgruppenorientierte Kooperationen, z. B. für angehende Brautpaare > Beispiel
- Lokale Handwerkerkooperationen, wie z. B. Elektriker, Maler, Fliesenleger und Sanitär-Installateur > Beispiel
- Beratende Berufe, z. B. Unternehmensberater, Steuerberater und Rechtsanwälte > Beispiel
- Automobile, Versicherungsleistungen und Finanzdienstleistungen > Beispiel
- Vertriebskooperationen und strategische Allianzen, z. B. durch verschiedene Hersteller innerhalb einer Branche > Beispiel
- Handelsverbände als Leistungsgemeinschaft verschiedener Industrie- und Handelszweige > Beispiel
- ...

Allen diesen Kooperationen und Vereinigungen ist gemeinsam, dass der Kunde durch den direkten Zugriff auf die jeweils anderen Leistungen einen enormen Vorteil hat – idealerweise durch weniger Aufwand bei der Beschaffung dieser Leistung, durch geprüfte Qualifikationen, bequemere Abwicklung, schnellere Bedienung und/ oder vergünstigte Konditionen.

Auf den Punkt gebracht

Die Leistungen Ihres Unternehmens gewinnen deutlich an Attraktivität für neue Kunden, wenn Sie diese erfolgreich mit **Zusatzanreizen** von außen anreichern. Analysieren Sie also genau Ihre Kunden bzw. Zielgruppen und suchen Sie sich Partner, die gemeinsam mit Ihnen eine echte **Bereicherung Ihrer Leistungen** bieten können. Bei der Recherche geeigneter Partner und dem Aufbau solcher Kooperationen steht Ihnen gerne ein versierter Unternehmensberater zur Seite.

5 Kundengewinnung durch Netzwerke und Verbände

Wir leben definitiv in der Ära des Netzwerkens. Unser gesamtes wirtschaftliches und privates Zusammenleben scheint plötzlich auf der Basis dieser Beziehungsgeflechte aufgebaut zu sein. Sogenannte Soziale Netzwerke drängen massiv in unseren Alltag und machen uns glauben, dass ohne sie nichts mehr geht. Allein in Deutschland nutzen über 25 Mio. Menschen Facebook, den unangefochtenen Marktführer. Dabei ist der Gedanke, sich zu vernetzen, um gemeinsam Vorteile zu generieren, gar nicht so neu und gar nicht so virtuell.

Bei uns hier in Württemberg gibt es seit Jahrhunderten die erfolgreiche Netzwerkarbeit namens „**Vetternwirtschaft**"; bei guter Vernetzung zwischen Politik und Wirtschaft oder innerhalb der Wirtschaft redet man von „**Seilschaft**"; und dann gibt es ja noch das bewährte historische Vorbild moderner Netzwerke: die **Burschenschaften** und **Zirkel.**

Eines war und ist in allen Systemen jedoch gleich: Sie nutzen nur denen, die wirklich fest integriert sind.

Aber zurück zum Thema Akquisition: Ist die erfolgreiche Kundengewinnung außerhalb einer guten Vernetzung heute überhaupt noch möglich? Hierzu sage ich ganz klar: Jein!

Netzwerk ist nicht gleich Netzwerk. Es kommt ganz darauf an, welche Intention und welche Profession man verfolgt. So kann z. B. ein florierendes Soziales Netzwerk wie Facebook für einen Gastronomen oder Dienstleister mit der Zielgruppe „Privatkunden" ausgesprochen hilfreich bei der Neukundengewinnung (und der Kundenbindung gleichermaßen) sein. Für einen Anbieter von technischen Bauteilen für die Industrie sieht die Sache aber derzeit noch ganz anders aus (wobei sich diese Szene gerade ausgesprochen dynamisch entwickelt). Momentan sind hier sicherlich **Fachverbände**, die sich um die ureigenen Anliegen einer spezifischen

Branche kümmern, noch zielführender. Wichtig ist, dass man eng mit potenziellen Kunden, Lieferanten und Mitarbeitern in Kontakt kommt, sich und seine Leistungen bekannt machen sowie seine Kompetenz darstellen kann. Ein direkter Austausch und eine gewisse Zurschaustellung der eigenen Kompetenzen gehören heute einfach zum Handwerk – und da bieten Verbände und Netzwerke durchaus eine geeignete Plattform. Im Ernstfall kann eine professionelle Beratung, z. B. durch einen erfahrenen Unternehmensberater helfen, die richtige Strategie einzuschlagen und Irrwege zu vermeiden.

Differenzierung Netzwerke und Verbände

Bevor ich hier die aus meiner Sicht wichtigsten Unterscheidungsmerkmale benenne, will ich ganz kurz noch auf eine Organisationsform verweisen, die je nach individueller Ausprägung mehr oder weniger deutliche Ähnlichkeit mit Netzwerken und Verbänden hat: Kooperationen. Diese spezielle Art der unternehmerischen Zusammenarbeit habe ich bereits im letzten Kapitel ausführlich beschrieben.

Netzwerke

Netzwerke sind in der Regel flach organisiert und leben vom Miteinander mehrerer oder vieler Akteure auf Augenhöhe, d. h. **ohne hierarchische Strukturen.** Genau dies macht auch den Reiz für viele Mitwirkende aus, denn man begegnet sich in Netzwerken ohne Vorbehalte und hat direkten Nutzen von den Fähigkeiten oder Angeboten der Partner. In Netzwerken kann man sowohl im Einkauf, der Forschung, der Produktion, der Personalbeschaffung... als auch im Vertrieb dadurch profitieren, eine größere, schlagkräftigere Einheit zu bilden.

Professionelle Netzwerke von Unternehmen (vornehmlich kleinerer Unternehmen bis hin zu Freiberuflern) bilden oft das ab, was größere Unternehmen in ihren Organisationsstrukturen statisch als umfassendes Leistungsportfolio vorhalten.

Bei der Kundengewinnung helfen Netzwerke durch Außen- und Innenwirkung.

- **Außenwirkung:** Durch gelebte Netzwerkpartnerschaften verfügt der Einzelne über erweiterte Fähigkeiten oder Kapazitäten und kann somit dem potenziellen Auftraggeber einen echten Mehrwert anbieten.
- **Innenwirkung:** Als verlängerte Werkbank hat jeder Netzwerkpartner die potenzielle Chance, bei Projekten/Aufträgen eines anderen Netzwerkpartners mit hinzugezogen zu werden – Neukundengewinnung quasi aus der Substanz des Netzwerkes heraus.

Die Kombination dieser beiden Wirkungen macht professionelle Netzwerke bei der Neukundengewinnung sehr attraktiv.

Beispiel: Als Unternehmensberater mit der klaren Spezialisierung auf Marketing, Vertrieb und Kommunikation bin ich im Rahmen des **IBWF-Beraternetzwerks** bundesweit mit weiteren zertifizierten Unternehmensberatern anderer Spezialisierungen, mit Patentanwälten, Rechtsanwälten, Notaren, Steuerberatern und Wirtschaftsprüfern verbunden. Insgesamt über 800 Partner stehen mir also zur Verfügung bezüglich ihrer spezifischen Leistungen oder ihrer lokalen Präsenz. Schon viele dieser Kollegen konnte ich in Kundenprojekte mit einbeziehen und schon viele dieser Kollegen haben mich in ihre laufenden Projekte mit einbezogen. So macht das Netzwerken Spaß und nutzt sowohl den Kunden als auch mir.

Die sogenannten Sozialen Netzwerke bilden dieses Prinzip heute im großen Stil virtuell ab, d. h. hier können sich nun weltweit Gleichgesinnte kennenlernen, zusammenschließen, austauschen – sprich: vernetzen – und genau diese o.g. Synergien bilden.

Verbände (auch Innungen, Kammern und Genossenschaften)

Verbände stehen eher für die Funktion einer gemeinsamen **Interessenvertretung** und haben in der Regel eine hierarchische Organisation mit übergeordneter Geschäftsführung oder einer vereinsähnlichen Vorstands- und Beiratsstruktur. Idealerweise sehen die

Verbände ihre Mitglieder als „Eigentümer" und betreuen diese mit einer Vertriebsstruktur durch eine regional oder fachlich gegliederte Vertriebsorganisation, z. B. durch Verbandsbeauftragte. Verbände haben in der Regel eine oder mehrere klare Funktionen, z. B. Einkauf, Marketing, Vertrieb oder politische Lobbyarbeit, mit der sie ihre Mitglieder als größere Einheit potenter repräsentieren können, als diese es als Einzelunternehmen könnten. Durch die entstehenden **Synergieeffekte** genießt jedes Mitglied **Wettbewerbsvorteile**, z. B. durch besseren Einkauf oder bessere wirtschaftspolitische Rahmenbedingungen. Darüber hinaus können Verbände (deshalb sind sie hier erwähnt) durchaus bei der Kundengewinnung von großem Vorteil sein. Zum Beispiel in der Funktion als **Marketinggemeinschaft**, indem sie für ihre Mitglieder Marketingmaßnahmen und -Materialien entwickeln, die diese sich im professionellen Umfang so nicht leisten könnten. Ganz interessant sind Verbände, deren Mitgliedermanagement stark von Netzwerkbildung mit allen oben genannten Vorteilen geprägt ist, denn dann tritt auch innerhalb eines Verbandes die bereits erwähnte **Innenwirkung** auf: Potenzielle Auftraggeber und Auftragnehmer lernen sich innerhalb dieser Organisation kennen.

Beispiel: Die Partnerorganisation meines o.g. **IBWF-Beraternetzwerks** ist der **BVMW, Bundesverband mittelständische Wirtschaft e.V.**, der schwerpunktmäßig und öffentlichkeitswirksam mit seinem prominenten Präsidenten Mario Ohoven für die Belange des Mittelstandes kämpft. Aktuell z. B. die Kampagne zur Unterstützung einer Bundestags-Petition für bezahlbaren Strom – also klassische politische Lobbyarbeit. Darüber hinaus bietet dieser Verband seinen Mitgliedern neben vielen weiteren Vorteilen auch eine wirkungsvolle Netzwerkarbeit vor Ort, gesteuert durch die auf regionaler Ebene aktiven Verbandsbeauftragten. Im Rahmen dieser Aktivitäten, z. B. von zahlreichen Veranstaltungen, habe ich auch in Sachen Kundengewinnung bislang beste Erfahrungen sammeln können.

Passive Mitgliedschaft genügt nicht

Keine Mitgliedschaft spült einem Unternehmer frei Haus Kunden zu. Sehen Sie bitte Ihre Mitgliedschaft in einem Netzwerk oder einem Verband als reine Eintrittskarte. Auf dem hier bereitgestellten Parkett müssen Sie sich aktiv präsentieren und mit anderen Partnern Anknüpfungspunkte suchen. Indem Sie Vorträge halten, sich in verantwortlicher Position ehrenamtlich engagieren, speziell für andere Mitglieder Angebote schaffen, diese erfolgreich empfehlen oder gar in Ihre Projekte einbinden, erreichen Sie nach und nach die notwendige **Vertrauensposition.** Das alles geht natürlich nicht über Nacht – sehen Sie bitte Ihr Engagement in Netzwerken oder Verbänden als langfristige und nachhaltige Maßnahme.

Beispiele für Netzwerke

- IBWF-Beraternetzwerk > www.ibwf.org
- Freelancer International > www.freelancer-international.de
- BNI/Business Network International > www.bni.de
- GABAL > www.gabal.de
- FORUM BETRIEB > www.forum-betrieb.de
- Wirtschaftsjunioren Deutschland e.V. (WJD) > www.wjd.de
- go-cluster/Clusterpolitische Exzellenzmaßnahme des Bundesministeriums für Wirtschaft und Technologie > www.go-cluster.de
- Xing > www.xing.de
- Linkedin > www.linkedin.com
- Facebook > www.facebook.com

Beispiele für Verbände

- Datev > www.datev.de
- Bundesrechtsanwaltskammer > www.brak.de

- Innung für Elektro- und Informationstechnik > www.eh-stuttgart.de
- BDS/Bundesverband der Selbstständigen > www.bds-dgv.de
- BPI/Bundesverband der Pharmazeutischen Industrie > www.bdi.eu
- BVMW/Bundesverband mittelständische Wirtschaft > www.bvmw.de
- ZEG/Zweirad-Einkaufs-Genossenschaft > www.zeg.de
- EP:/ElectronicPartner > www.ep.de
- Der Kreis/Einkaufsgesellschaft für Küche und Wohnen > www.derkreis.de
- BDI/Bundesverband der Deutschen Industrie e.V. > www.bdi.eu
- EKDD/Einkaufskontor Deutscher Druckereien eG > www.ekdd.de
- AGD/Allianz Deutscher Designer > www.agd.de
- Fachverband Freier Werbetexter e.V. > www.texterverband.de

Auf den Punkt gebracht

Die Abgrenzung Verband/Netzwerk ist im Einzelfall schwierig, denn auch funktionierende Netzwerke können Verbandsstrukturen haben. Wichtig ist, dass Sie sich die möglichen Organisationen, die für Ihre Kundengewinnung interessant sein könnten, ganz genau anschauen und sich selektiv lieber für eine Organisation entscheiden, in der Sie sich wirklich aktiv engagieren. Die rein passive Mitgliedschaft in möglichst vielen Organisationen führt zunächst zu nichts, außer zu einem hohen Aufkommen an Beiträgen. Bei der Auswahl der für Sie geeigneten Organisation sollten Sie gegebenenfalls die Unterstützung durch ein erfahrenes Beratungsunternehmen in Anspruch nehmen.

6 Kundengewinnung durch die persönliche Vitamin-B-Liste

Wozu in die Ferne schweifen, wenn das Gute liegt so nah? Bevor Sie sich also fragen, wie Sie (wildfremde) Kunden für sich und Ihr Unternehmen gewinnen können, schauen Sie sich doch zuerst einmal in Ihrem **direkten Umfeld** um! Gerade für Unternehmensgründer ist es am Anfang wichtig, eine umfassende Liste mit allen potenziellen Kunden und Multiplikatoren (Empfehlern) aufzubauen und diese sukzessive abzuarbeiten.

Das Abarbeiten einer persönlichen Vitamin-B-Liste bedeutet konkret, dass Sie mit allen Personen auf Ihrer Liste gezielt über Ihr Unternehmen, Ihre Leistungen oder Produkte sprechen sollten. Machen Sie ruhig in diesen Gesprächen deutlich, dass Sie weitere Kunden benötigen. Das ist tatsächlich eine Art Betteltour und kostet einige Überwindung, aber es sorgt mit für Ihren **Unternehmenserfolg**, für Ihr **gesichertes Einkommen!**

Natürlich können nicht alle Ihre Kontakte sofort Kunden Ihres Unternehmens werden (wobei es natürlich darauf ankommt, was Sie genau machen) – so braucht ja nahezu jeder Mensch einen Friseur oder Zahnarzt, bei industriellen Bauteilen wird es da schon etwas spezifischer. Also, auch wenn nicht jeder Ihrer Vitamin-B-Kontakte Ihr Produkt direkt benötigt, so besteht dennoch die Chance, dass er jemand kennt, dem er Ihre Leistungen empfehlen kann. Alle Ihre Bekannten um eine solche Vermittlung zu bitten, ist nichts Verwerfliches.

Persönliche Kontakte zu „Vertriebsmitarbeitern" machen

Fördern Sie die Weiterempfehlung durch kleine **Geschenke** oder **Provisionen**. Natürlich wird jeder, der Sie kennt (und mag), gerne für Sie aktiv werden. Mit einem kleinen Bonbon als Belohnung können Sie diesen Effekt noch erheblich steigern. Wir bleiben mal bei dem o.g. Beispiel mit dem Friseur: Bedienen Sie jeden, der Ihnen einen neuen Kunden bringt, einmal kostenlos – Sie werden sich darüber freuen, wie oft Sie kostenlos arbeiten müssen! Auch beim Beispiel mit den industriellen Bauteilen funktioniert das hervorragend, allerdings loben Sie hier besser **eine Prämie** für jeden neuen Auftrag aus, den Sie durch persönliche Empfehlung erhalten. Hier ist es durchaus eine schöne Geste, wenn Sie Ihren „Vertriebsmitarbeiter" zum Essen einladen oder am Umsatz beteiligen. Es kommt eben auf die Qualität der Empfehlung und das dadurch erzielte Umsatzvolumen an.

Stakeholder einbinden und motivieren

Stakeholder sind alle Personen oder Gruppen, die mit Ihrem Unternehmen zu tun haben. Eine exakte Definition liefert Gablers Wirtschaftslexikon: **Stakeholder/Anspruchsgruppen sind alle internen und externen Personengruppen, die von den unternehmerischen Tätigkeiten gegenwärtig oder in Zukunft direkt oder indirekt betroffen sind.** Gemäß Stakeholder-Ansatz wird ihnen – zusätzlich zu den Eigentümern (Shareholders) – das Recht zugesprochen, ihre Interessen gegenüber der Unternehmung geltend zu machen. Eine erfolgreiche Unternehmungsführung muss die Interessen aller Anspruchsgruppen bei ihren Entscheidungen berücksichtigen **(Social Responsiveness).**

Eine Übersicht zu diesen Anspruchsgruppen:

	Anspruchsgruppen	Interessen (Ziele)
Interne Anspruchsgruppen	**1. Eigentümer** • Kapitaleigentümer • Eigentümer-Unternehmer	– Einkommen/Gewinn – Erhaltung, Verzinsung und Wertsteigerung des investierten Kapitals – Selbstständigkeit/Entscheidungsautonomie – Macht, Einfluss, Prestige – Entfaltung eigener Ideen und Fähigkeiten, Arbeit = Lebensinhalt
	2. Management (Manager-Unternehmer)	
	3. Mitarbeiter	– Einkommen (Arbeitsplatz) – soziale Sicherheit – sinnvolle Betätigung, Entfaltung der eigenen Fähigkeiten – zwischenmenschliche Kontakte (Gruppenzugehörigkeit) – Status, Anerkennung, Prestige (ego-needs)
-gruppen	**4. Fremdkapitalgeber**	– sichere Kapitalanlage – befriedigende Verzinsung – Vermögenszuwachs
	5. Lieferanten	– stabile Liefermöglichkeiten – günstige Konditionen – Zahlungsfähigkeit der Abnehmer
	6. Kunden	– qualitativ und quantitativ befriedigende Marktleistungen zu günstigen Konditionen – Service, günstige Konditionen usw.

Externe Anspruchs-		
	7. Konkurrenz	– Einhaltung fairer Grundsätze und Spielregeln der Marktkonkurrenz – Kooperationen auf branchenpolitischer Ebene
	8. Staat und Gesellschaft • lokale und nationale Behörden • ausländische und internationale Organisationen • Verbände und Interessenlobbies aller Art • Bürgerinitiativen • allgemeine Öffentlichkeit	– Steuern – Sicherung der Arbeitsplätze – Sozialleistungen – positive Beiträge an die Infrastruktur – Einhalten von Rechtsvorschriften und Normen – Teilnahme an der politischen Willensbildung – Beiträge an kulturelle, wissenschaftliche und Bildungsinstitutionen – Erhaltung einer lebenswerten Umwelt

Abb. nach Wirtschaftlexikon Gabler

Wie Sie anhand dieser Übersicht sehen, greifen die Interessen rund um Ihre Unternehmung sehr weit. Sie müssen nun nur noch alle diese involvierten Personen und Gruppen (vielleicht mit Ausnahme der Konkurrenz) zu Ihren Fans und Multiplikatoren machen.

Mögliche Kandidaten auf Ihrer Vitamin-B-Liste

- Freunde
- Verwandte
- Bekannte
- Nachbarn am Privatwohnsitz
- Nachbarn am Firmensitz
- Vereinskameraden
- Verbandskollegen

- Ihr Banker
- Ihre Investoren
- Ihr Vermieter
- Ihre Mitarbeiter
- Ihre Lieferanten, Dienstleister und Berater
- Ihr Versicherungsfachmann
- Ihre Freunde aus Sozialen Netzwerken, wie Facebook, Xing, Twitter...
- Ihre Schul- und Jahrgangskameraden
- Ihre Kommilitonen
- Ihre Bundesbrüder
- Ihre Lehrer, Ausbilder, Dozenten
- Vertreter der lokalen Politik und Verwaltung
- Pressevertreter
- ...

Im direkten Bekanntenkreis ruht mehr Potenzial, als Sie zunächst denken. Daher sollte jeder Ihrer Bekannten oder Kontakte genau wissen, welche Leistungen Sie erbringen – nur so kann er Sie erfolgreich empfehlen!

Nur keine falsche Scham oder Bescheidenheit, reden Sie über Ihr Unternehmen und vor allem: über Ihre **Alleinstellungsmerkmale!** Jedes Gespräch und jeder Kontakt kann für Sie zu neuen Kunden führen – und das Beste: diese Form der Kundengewinnung ist **völlig kostenlos.**

7 Kundengewinnung durch Sponsoring

Im **Kommunikationsmix von Unternehmen** gewinnt Sponsoring eine immer größere Bedeutung. Warum? Ganz einfach: Beim Kaufentscheid bzw. der positiven Grundeinstellung zu einer Marke, einem Produkt oder einem Unternehmen entscheidet immer mehr **das Image bzw. die positive emotionale Aufladung** über den eigentlichen Geschäftszweck hinaus. Mit dem Sponsoring einer Sportart, eines Vereins, einer sozialen Einrichtung oder eines Events entwickelt sich bestenfalls ein positiver **Imagetransfer** vom Kern dieser Sache auf den Sponsor selbst – so das Idealbild.

Über diese emotionalen Faktoren hinaus zählt bei einem strategischen Sponsoring-Engagement auch immer die schiere **Reichweite.** Je mehr Kontakte durch Sponsoring erreicht werden sollen, desto höher muss in der Regel auch das Budget ausfallen. Aber wird Sponsoring dadurch auch „teurer“?

Ein prominentes Beispiel

Um ein ganz prominentes Sponsoring-Umfeld, den Profifußball, zu benennen, hier einige Beispiele von Sponsor-Partnerschaften aus der **1. Fußballbundesliga** und deren Finanzvolumen (Saison 2012/2013):

- Telekom – FC Bayern München | ca. 25 Mio. Euro p.a.
- VW – VFL Wolfsburg | ca. 20 Mio. Euro p.a.
- Gazprom – Schalke 04 | ca. 18 Mio. Euro p.a.

Dieses Spitzentrio ist mit großem Abstand vor allen anderen Engagements zu benennen. So erhält der VFB Stuttgart von seinem Hauptsponsor, der Mercedes-Bank, ca. 6 Mio. Euro pro Jahr. Am Tabellenende: Die SpVgg Greuther Fürth erhält von der Ergo Versicherungsgruppe gerade mal 2 Mio. Euro p.a.

Quelle: statista

Ist dieser Unterschied gerechtfertigt? Ja!

Für das normale menschliche Empfinden sind diese Summen kaum greifbar. Stellt man sich aber mal vor, wie viele Kontakte das Logo der Telekom auf dem Trikot der Bayern in Summe pro Jahr erzielt:

- bei 70.000 Stadionbesuchern in der Allianz Arena an 17 Heimspieltagen der 1. Liga
- jeweils ausverkauften Stadien bei den 17 Auswärtsspielen der 1. Liga
- jeweils ausverkauften Stadien in DFB-Pokal und Champions League
- einem Millionenpublikum bei Fernsehübertragungen aus Bundesliga, DFB-Pokal und Champions League
- unzähligen Fernsehinterviews und Presseberichten in TV, Tageszeitungen, Sportpresse und der Boulevard-Presse
- bei 3.200 offiziellen Fanclubs und 231.000 registrierten Vereinsmitgliedern
- und last but not least: den 880.000 verkauften Trikots p.a., die quasi überall auf der Welt mit der Marke Telekom auf der Brust werben.

Zum Vergleich die SpVgg Greuther Fürth: max. 18.000 Zuschauer im heimischen Stadion, kein internationales Geschäft, etwa 2.550 Mitglieder.

Ohne wissenschaftliche Untermauerung behaupte ich hier dennoch, dass die Telekom mit den Bayern wesentlich „günstiger“ oder zumindest „effektiver“ investiert hat. Die Gegenleistung ist einfach diese Investition mehr als wert. Ich wage sogar zu behaupten, dass das Sponsoring des FC Bayern die effizienteste und gleichzeitig preiswerteste Maßnahme im **Kommunikationsmix** der Telekom darstellt.

Ein negatives Gegenbeispiel:

> Das intensive Engagement des amerikanischen Post-Dienstleisters „US Postal“ in das Radrennsport-Team rund um den unterdessen geständigen Doping-Sünder Lance Armstrong.

Natürlich profitierte der Sponsor hier jahrelang von einer **sehr hohen Medienpräsenz** seiner Marke im Zusammenhang mit Tempo, Teamgeist, Cleverness und den glorreichen Siegen dieses Teams. Leider fällt nun der Name US Postal (bzw. das eingeblendete Logo) regelmäßig in der fast noch öffentlichkeitswirksameren Berichterstattung über Unsportlichkeit, Unmoral, Betrug und den juristischen Auseinandersetzungen zu diesen Themen.

Dies ist aber wirklich der krasseste Fall in negativer Hinsicht, der mir aktuell zum Thema Sponsoring einfällt.

Sponsoring ist auch für kleine Unternehmen interessant

Nach diesen einführenden Beispielen aus der Hochfinanz und dem Spitzensport komme ich nun gerne zurück auf die Bedürfnisse von KMU, also **kleinen und mittelständischen Unternehmen.** Auch für Gastronomen, Einzelhändler, Handwerksbetriebe und Anwälte (um nur vier Beispiele zu nennen) ist Sponsoring – mit dem richtigen Partner – im lokalen Umfeld durchaus lohnenswert. Egal ob Sie als Unternehmer eine **Partnerschaft** mit dem örtlichen Sportverein, einer Bildungseinrichtung, einer sozialen Einrichtung pflegen oder eine publikumswirksame Veranstaltung unterstützen – wenn Sie dadurch den **Bekanntheitsgrad** und den **Sympathiewert** für Ihr Unternehmen mit kleinem Geld steigern können, entsteht für beide Parteien eine echte „**Win-win-Situation**". Im Idealfall sorgt diese Partnerschaft dafür, dass Sie ein gutes Werk tun, für Ihr finanzielles Engagement eine steuerlich relevante Spendenbescheinigung erhalten, Ihr Image aufpoliert wird und Ihr Bekanntheitsgrad erheblich steigt. So erreichen Sie recht elegant und preiswert **neue Kontakte** und gewinnen **neue Kunden.**

Gut, das mit der Spendenbescheinigung ist natürlich der absolute Idealfall, aber auch ohne diese angenehme Begleiterscheinung (z. B. dann, wenn die von Ihnen gesponserte Organisation/Maßnahme nicht gemeinnützig sein sollte), bietet sich Ihnen eine Reihe von Möglichkeiten, die Ihr Sponsoring-Engagement mit sich bringen sollte. Beispielsweise „**VIP-Eintrittskarten**" zu von Ihnen unterstützten Sport- oder Kulturevents. Diese können Sie entweder in der Mission „Kundengewinnung" für Noch-nicht-Kunden ausloben oder in Sachen „Kundenbindung" für Ihre besten Stammkunden einsetzen. Auch als **Incentive-Programm** für Ihre Mitarbeiter sind privilegierte Eintrittskarten ein interessanter Faktor. Ihre Möglichkeiten sind also absolut vielfältig und variieren von Fall zu Fall.

Was ist das beste Sponsoring-Konzept?

So leid es mir tut, hier gibt es leider kein allgemein gültiges Patentrezept, keine Faustformel für das Richtige. Nur eines: Das Engagement sollte **authentisch und nachvollziehbar** zu Ihrem Unternehmen und zu Ihnen als Unternehmerpersönlichkeit passen. Ebenso muss Ihr Sponsoring-Paket zu Ihrem Vertriebsradius passen. So ist es beispielsweise absolut klar und nachvollziehbar, dass Sie den Sportverein unterstützen, der in Ihrem Ort die höchste Mitgliederzahl oder das sympathischste Konzept hat, in dem vielleicht sogar Sie selbst oder Ihre Kinder aktiv sind. Ebenso, wenn es Ihnen persönlich ein wichtiges Anliegen ist, das Sie auch leben, die Unterstützung von humanitären, sozialen, kulturellen oder weltanschaulichen Organisationen.

Was natürlich gar nicht geht, sind Partnerschaften, die so gar nicht zusammenpassen wollen. Bleiben wir beim o.g. Beispiel mit dem Sportverein: dann ist dies natürlich höchst problematisch, wenn Sie einen Vertrieb für Tabakwaren betreiben; ebenso sollten Sie als Pharma-Hersteller die Finger von Radsport-Teams lassen etc.

Engagement temporär oder langfristig?

Wie bei nahezu allen Kommunikationsmaßnahmen darf man vom Sponsoring **keine kurzfristigen Wunder** erwarten. Natürlich können Sie Ihr gesamtes Budget zusammenkratzen und einmalig eine Großveranstaltung als Hauptsponsor unterstützen – mit Ihrem Logo auf sämtlichen Plakaten, Tickets, Anzeigen etc. So erzielen Sie kurzfristig eine große Menge neuer Kontakte, aber was ist danach?

Der Effekt verpufft genauso schnell, wie er gekommen ist. Dann doch lieber **nachhaltig wirtschaften** und auf kleinerer Flamme beständig an einer Partnerschaft, an einem Thema, an einer Zielgruppe dranbleiben. Nur so addiert sich **Ihr Werbewert**, stellt sich eine **Steigerung Ihres Bekanntheitsgrads und Sympathiewerts** ein. Also Vorsicht vor den stets allzu beflissenen „Fundraisern" (Akquisiteure für einen „guten" Zweck), die bei Ihnen um Unterstützung für alles Mögliche werben – als Unternehmer werden Sie das kennen.

Auf den Punkt gebracht

Sponsoring – im Kommunikationsmix ergänzend eingesetzt – ist ein absolut **wirkungsvolles Instrument zur Kundengewinnung und Kundenbindung** gleichermaßen. Idealerweise erreichen Sie eine **hohe Reichweite** und einen **Imagetransfer** von der gesponserten Einrichtung, dem Event, dem Verein – in dem von Ihnen gewählten Verbreitungsgebiet, in der von Ihnen adressierten Zielgruppe – und dies langfristig! Das sind die entscheidenden Faktoren pro Sponsoring.

8 Kundengewinnung durch Straßen-/POS-Aktivitäten (B-to-C)

Nirgendwo kann man neue Kunden direkter gewinnen und überzeugen als in der 1:1-Situation, also **von Angesicht zu Angesicht.** Wenn aber, einem alten Sprichwort zufolge, der Berg nicht zum Propheten kommt, dann muss der Prophet eben zum Berg gehen. Dies bedeutet, dass Sie raus müssen aus Ihrem Laden, Ihrem Büro, Ihrem Betrieb – dorthin, wo sich Ihr potenzieller Zielkunde bewegt.

Die Möglichkeiten für die **Ansprache von Endkunden** – Business to Consumer (B-to-C) – sind vielfältig und variieren je nach Ihrem Geschäftsmodell bzw. Ihrer Branche. Dementsprechend variiert natürlich auch der sog. „Point of Sale" (POS), also der Ort des Einkaufs oder der Kaufentscheidung. Aber: Ich bin der festen Überzeugung, dass es für jedes Unternehmen, für jede Zielgruppenansprache die geeignete Möglichkeit gibt, genau hier, am POS, aktiv zu werden.

Wo ist der POS?

Der ideale Ort zur Ansprache neuer Kunden kann die Fußgängerzone sein, der Wochenmarkt, der Parkplatz vor dem Einkaufszentrum, dem Getränke- oder Baumarkt oder überall bei partnerschaftlich befreundeten Unternehmen. Auch Veranstaltungen wie die lokale oder regionale Leistungsschau, die Handwerker- oder Verbrauchermesse sind interessante Optionen, um mal über den Tellerrand hinauszuschauen. Sie treffen Ihre neuen Kunden überall dort, wo **große Frequenz** herrscht und Sie mit einem entsprechend professionellen Auftritt auf sich aufmerksam machen. Vielleicht ergibt sich für Sie die Chance, im Austausch mit einem Partnerbetrieb aktiv zu werden, indem sich dieser auf Ihrer Hausmesse oder Ihrem Tag der offenen Tür präsentiert und Sie sich umgekehrt bei ihm. Solche kooperativen **POS-Aktivitäten** bieten sich generell an für aktive Unternehmen aus Handel, Handwerk und Dienstleistung.

Welche Formen von Aktivitäten gibt es?

- **Promotion/Infostand**

  Ein gut gestalteter und auffälliger Stand mit kompetentem Standpersonal weist auf Ihre Produkte und Leistungen hin. Dabei ist es wichtig, aktiv auf die Passanten zuzugehen – ein demotiviertes „Hinter-dem-Stand-Herumsitzen" ist alles andere als produktiv. Leider sieht man das aber viel zu häufig. Sie können **Flyer** verteilen, etwas vorführen, **Warenproben** ausgeben, **Speisen und Getränke** anbieten, **Gutscheine** oder kleine **Werbegeschenke**, sog. „**Giveaways**", verteilen... Hauptsache, Sie lächeln und sprechen die neuen Kunden aktiv an! Die Möglichkeiten sind vielfältig. Meine Erfahrung zeigt, dass die Kosten-Nutzen-Rechnung einer solchen Aktion (wenn sie gut durchdacht und gut gemacht ist) durch kaum eine andere Kommunikationsmaßnahme zu schlagen ist.

- **Befragung**

  Eine „schlankere" Methode der Kundengewinnung auf der Straße/am POS ist die der Befragung. Durch gut geschulte und motivierte **PropagandistInnen/PromoterInnen** werden potenzielle Kunden gezielt angesprochen und befragt. Dabei geht es entlang einer kurzen Checkliste um die Konsumgewohnheiten in Ihrem Marktsegment, um den Bekanntheitsgrad Ihrer Produkte/Leistungen und den Vergleich mit bislang bevorzugten Produkten/Leistungen. Ziel hierbei sollte es vor allem sein, **Adressen zu qualifizieren**, die Sie im Nachgang per Telefon, E-Mail, Direktmailing... zur Terminvereinbarung oder weiteren gezielten Information nutzen können. Eine sehr effektive Maßnahme.

- **Gewinnspiel**

  Mit einem **Gewinnspiel** steigern Sie sowohl die Attraktivität Ihrer POS-Aktion als auch die Anzahl der dabei generierten Adressen. Wie das Gewinnspiel genau aussieht (die simpelste Form ist da das Glücksrad), entscheiden Sie je nach Budget und Konzeption Ihrer **POS-Aktivität.** Aber: Sie steigern damit eher die Quantität als die Qualität Ihrer neuen Kontakte.

- **Stumme Verkäufer**
  Die minimalistischste, aber am ehesten skalierbare Form Ihrer POS-Aktivitäten könnte ein Display, ein **Rollup-Banner** oder ein **Kundenstopper/Plakatständer** mit **Flyer-Dispenser** sein, den Sie bei assoziierten Partnern platzieren. Vorteile: vergleichsweise geringe Kosten und, wie gesagt, die gute Skalierbarkeit, d. h. Sie können das – je nach Budget – an tausenden von Standorten zeitgleich realisieren. Der positive Effekt kommt hier eher über die Masse der Kontakte an einer großen Menge von Standorten. Die gezielte Kundenansprache durch die von Ihnen gebrieften Mitarbeiter vor Ort kann eine solche Maßnahme aber in Sachen Effektivität niemals ersetzen. Eine Art Mischform bilden die Ihnen sicherlich als Kunde aus dem Baumarkt bekannten Videosysteme, die mindestens alle 10 Meter mit Produktvorführungen versuchen, Sie in ihren Bann zu ziehen. So „stumm" muss diese POS-Aktivität also gar nicht sein.

- **Zweitplatzierung**
  Mit einem besonders auffälligen **Verkaufsdisplay** oder einer **Warenpräsentation** können Sie am **POS**, bei Ihren Handelspartnern, temporär für zusätzliche Impulse sorgen. Impulse dahingehend, dass Sie durch die exponierte Präsentation, z. B. an einem Gondelkopf oder direkt im Kassenbereich, eine wesentlich höhere Aufmerksamkeit erzielen als mit Ihrer „normalen" Regalposition. Allerdings lassen sich das Ihre Handelspartner in der Regel auch entsprechend vergüten, da sollten Sie vorher das Preis-Leistungs-Verhältnis genau erwägen. Am besten ist es, diese Form der **POS-Aktivität** an verschiedenen Pilot-Standorten zu evaluieren, um herauszufinden, welchen Effekt das für Sie und Ihre Produkte bringt.

- **Viral Marketing/Ambient Marketing**
  Ein besonders spektakuläres, in den letzten Jahren zu hoher Geltung gelangtes Instrument der POS-Maßnahmen ist das sogenannte **Ambient Marketing.** Die Definition hierfür lautet: „Platzierung von Werbung an Orten, wo nicht damit zu rechnen ist, unter Einbeziehung der Umgebung in die Werbemaßnahme." (Quelle: Wikipedia.) Hier sind der Fantasie keine Grenzen gesetzt, und je nach Branche und Zielgruppe bieten sich die viel-

fältigsten Maßnahmen an. Wichtigstes Kriterium für eine gelungene Ambient-Aktion ist der **Überraschungsfaktor.**

Ein plastisches Beispiel: Angenommen, Sie sind Pharma-Hersteller und versuchen, Ihr neues Medikament gegen „ständigen Harndrang" erfolgreich auf den Markt zu bringen. Naheliegend ist da natürlich eine klassische Anzeigenkampagne z. B. in einer Apotheker-Zeitschrift. Ihr „POS" liegt doch eigentlich an ganz anderer Stelle! Eine Plakataktion direkt über den Toiletten von Bars, Restaurants oder Autobahnraststätten trifft Ihre Zielgruppe doch viel direkter – oder?

Dies ist nur ein Beispiel für die unbegrenzten Möglichkeiten dieser kreativen Form von POS-Aktivitäten.

Auf den Punkt gebracht

Gehen Sie aus sich heraus und erreichen Sie Ihre Kunden genau dort, wo die Kaufentscheidungen fallen! Wenn Sie sich klar sind, welche zukünftigen Kunden Sie gewinnen wollen, dann überlegen Sie genau, wo Sie diese Kunden „treffen" könnten und mit welcher Maßnahme Sie effektiv auf sich aufmerksam machen. Um ganz sicher zu gehen, suchen Sie sich professionelle Beratung bei der Planung Ihrer POS-Kampagne, z. B. durch mein Beratungsunternehmen modus_vm!

9 Kundengewinnung durch Veranstaltungen/Messen

Es muss nicht immer gearbeitet werden, manchmal sollten Sie einfach mit Ihren Kunden feiern und gemeinsam Spaß haben. **Laden Sie Ihre „Marke" wieder emotional auf und erfinden Sie ein neues originelles Veranstaltungsformat**, das Ihre Kunden „hinter dem Ofen hervorlockt". Die Möglichkeiten hierzu bestimmt Ihr Budget. Letztendlich lassen sich auch **mit kleinem Geld tolle Erlebnisse** schaffen – laden Sie doch mal alle Ihre Kunden zu einer Weinwanderung oder einer Fahrrad-Rallye ein! Unsere erfolgreichsten Kunden ziehen diese Register, z. B. mit einem jährlichen urigen Grillfest vor und in der Logistikhalle oder dem Neujahrs-Glühweinempfang in einer schicken Büroetage auf der Stuttgarter Königstraße.

Die Basisidee hinter der Kundengewinnung über Veranstaltungen ist dieselbe wie die im letzten Kapitel „**Straßen-/POS-Aktivitäten**" beschriebene. Es geht um das Erzeugen von **Aufmerksamkeit** und um die **Schaffung einer 1:1-Situation** mit dem neuen Kunden – um das Herstellen eines ersten Kontaktes. Bei der Bindung von Bestandskunden ist es ganz ähnlich, da geht es um das Herstellen eines erneuten Kontaktes, also das „Sich-wieder-in-Erinnerung-bringen". Es ist völlig egal ob Sie ein 1-Personen-Dienstleistungsunternehmen führen, ein Fachgeschäft betreiben, einen Handwerksbetrieb oder ein größeres produzierendes Unternehmen leiten, Sie können die unterschiedlichsten Veranstaltungsformate für sich nutzen, um genau dieses Wirkprinzip für Ihre **Kundengewinnung und Kundenbindung** einzusetzen.

Eine **Übersicht der möglichen Veranstaltungsformate** habe ich, in alphabetischer Reihenfolge, nachfolgend für Sie zusammengestellt. Natürlich hätte es jedes einzelne Veranstaltungsformat bezüglich seiner Ausgestaltung, der Vor- und Nachbereitung verdient, eines Kapitel gewidmet zu bekommen, doch an dieser Stelle möchte ich den Fokus auf den Überblick über die Möglichkeiten legen. Daher beschränke ich mich auf knappe Beschreibungen zu den einzelnen Formaten:

- **After-Work-Party**

  Fangen wir mal ganz entspannt an! Zu einer zwanglosen, aber regelmäßigen After-Work-Party laden Sie Ihre Wunschkunden, Stammkunden, Mitarbeiter und Nachbarn (Unternehmer oder Privatleute) ein. Bei einem kleinen Imbiss mit Umtrunk geht es in erster Linie um das **persönliche und eher private Kennenlernen.** Die Atmosphäre sollte zwar nicht businessmäßig sein, aber zur Unterhaltung können Sie durchaus jeden Abend mit einem kleinen **Impulsvortrag** beginnen; und es darf durchaus auch eine kurze **Vorstellungsrunde** aller Gäste geben. Als Gastgeber einer solch launigen Runde sind Sie natürlich ganz besonders exponiert und genießen daher einen besonderen **Aufmerksamkeitsfaktor.** Es liegt ganz an Ihnen, wie Sie dies für sich und Ihr Unternehmen positiv umsetzen!

- **Barcamp**

  Ein Barcamp, auch „Unkonferenz" genannt, ist eine recht moderne Veranstaltungsform. Dabei geht es vor allem, ähnlich wie bei einer Fachtagung oder einem Kongress, um die fachliche Bearbeitung eines speziellen Themas. Allerdings sind bei einem Barcamp Thema, Verlauf und Ausgang der inhaltlichen Arbeit vorher völlig offen. Das alles entwickeln die Teilnehmer gemeinsam in der Diskussion, u. U. auch die spontane Bearbeitung unterschiedlichster Themen in kleinen Gruppen oder Workshops. Wenn Sie nun z. B. Ihre Zielkunden, Stammkunden, Geschäftsfreunde und Ihre Stakeholder zu einem Barcamp rund um Ihr Fachgebiet oder Ihr Unternehmen einladen, dann ist das mehr als spannend – auch das, was dabei herauskommt. **Sie werden sich profilieren und viele neue Erkenntnisse gewinnen.**

- **Benefiz-Veranstaltung**

  Der Klassiker. **Tue Gutes und rede darüber** – nach diesem Motto stellen Sie sich gekonnt in den Vordergrund und sammeln gemeinsam mit Ihren Gästen Geld für einen wohltätigen Zweck. Der Phantasie sind dabei keine Grenzen gesetzt – ob Charity-Gala, Live-Konzert, Ausstellung, Sportevent oder, oder... Auf jeden Fall sollte sowohl der unterstützte Zweck als auch die Form der Veranstaltung eine **nachvollziehbare Au-**

thentizität zu Ihnen, Ihrem Unternehmen oder Ihren Produkten aufweisen. Wenn Sie (und das muss man ja eigentlich nicht nochmals gesondert erwähnen) dabei auf die größtmögliche öffentliche Wahrnehmung, z. B. durch die **Presse** achten, dann erzielen Sie viele neue Kontakte und vor allem Sympathiewerte. Dies kann der ausschlaggebende Faktor für neue Kunden sein, bei Ihnen zu kaufen.

- **Fachmesse**
  Ein Muss im B-to-B-Bereich! Fachmessen erfreuen sich nach wie vor hoher Beliebtheit und sind der **Umschlagplatz für Angebot und Nachfrage** in allen möglichen Branchen. Nirgendwo geht es direkter um Kundengewinnung, und daher boomt diese Drehscheibe mit ständig wachsenden Angeboten. Einige Marktkennzahlen (Deutschland) zur Verdeutlichung:

> Im Jahr 2012 haben laut vorläufigen Berechnungen des AUMA auf den 160 überregionalen Messen rund 2% mehr Aussteller teilgenommen als bei den jeweiligen Vorveranstaltungen. Die Beteiligungen aus dem Ausland sind überdurchschnittlich gewachsen (+4,2%). Die Standfläche der überregionalen Messen ist ebenfalls um 4,1% gewachsen. Die Besucherzahl liegt etwa 0,6% unter dem Niveau der Vorveranstaltungen. Dies ist aber weder ein signifikanter Rückgang noch ein durchgängiger Trend.

Quelle: AUMA.

Anmerkung: Insgesamt verzeichnet der Fachverband AUMA über 10 Mio. Fachbesucher auf diesen o.g. Messen. Da sind bestimmt auch viele neue Kunden für Sie mit dabei! Wichtig ist aber **ein gutes Konzept**, d. h. **Ihr Messestand muss sich positiv von anderen absetzen** und benötigt daher eine gewisse Fläche sowie ein auffälliges Design. Das alles ist natürlich mit erheblichen Kosten verbunden. Im Einzelfall gilt es hier, eine Kosten-Nutzen-Rechnung aufzumachen, aber wie schon gesagt, das Potenzial spricht für sich.

- **Fachtagung/Kongress**

  Treten Sie die **Meinungsführerschaft** in Ihrer „Szene“ an, indem Sie regelmäßige Fachtagungen oder Kongresse organisieren, auf denen namhafte Experten zu wechselnden Themen rund um Ihr Fachgebiet geladen sind. Sie selbst sollten dabei natürlich auch eine tragende Rolle übernehmen (können). Die Besetzung durch Referenten, die Location, das Catering und das Rahmenprogramm sollten wirklich **hochkarätig** sein, das garantiert Ihnen auch „zahlende“ Besucher und vielleicht langfristig eine kostenneutrale Veranstaltungsreihe, mit der Sie sehr wirksam auf sich aufmerksam machen.

- **Fachvortrag**

  Egal welches Gewerbe Sie ausüben, wenn Sie Ihre Profession mit Leidenschaft und Hingabe betreiben, dann sind Sie garantiert ein **Experte**, der Interessantes zu erzählen hat. Dies qualifiziert Sie für Vorträge über Ihr Fachgebiet. Wenn Sie etwas recherchieren, dann werden Sie eine Vielzahl von Möglichkeiten entdecken, in denen Sie sich mit einem Fachvortrag **ins Rampenlicht** bringen können. Beispielsweise in Ihrem Handels- und Gewerbeverein, Ihrem BDS, Ihrem Unternehmerverband, Ihrer Innung oder auf Fachtagungen und Kongressen **als Gastredner.** Wenn Sie ein guter Redner sind und noch dazu eine spannende Präsentation halten können, dann werden Sie mit solchen Auftritten eine ganze Menge neuer Kunden für sich gewinnen können.

- **Hausmesse**

  Eine für Kundengewinnung und Kundenbindung gleichermaßen attraktive Veranstaltungsform ist die Hausmesse. Im Vergleich zur Fachmesse stehen Sie hier natürlich deutlicher im Rampenlicht (wobei Sie zu einer Hausmesse durchaus auch Lieferanten, Dienstleister und Kooperationspartner einladen sollten). Neben der Aufgabe, ein wirklich **attraktives Programm** und **attraktive Angebote** auf die Beine zu stellen, liegt die Herausforderung für Sie darin, möglichst viele Besucher (Neukunden, Altkunden, Interessenten, Geschäftspartner...) anzuziehen.

Daher bietet sich genau die oben angeregte **Kooperation** an, d. h. indem Sie Partner beteiligen, vergrößert sich die Attraktivität und – schlicht und einfach: der Adressbestand der einzuladenden Personen.

- **Incentive-Event**

  Mit eingeladenen Gästen selbst Spaß haben, so könnte man diese Rubrik beschreiben. Es liegt ganz an Ihnen: gehen Sie gerne ins Fußballstadion, ins Ballett, in ein Künstleratelier, zu einer Führung im Automobilwerk, auf eine Regatta, auf Klettertour in die Berge... – was auch immer Sie gerne privat machen, laden Sie doch einfach Ihnen wichtige Personen, die Sie gerne als Kunden gewinnen würden, mit dazu ein. Auch gute Stammkunden, Geschäftspartner und Mitarbeiter dürfen dabei nicht fehlen, denn gerade der bunte Mix an Teilnehmern macht eine solche Veranstaltung rund. Sie werden erleben: die **Freude und Begeisterung** fällt positiv auf Sie, den Einladenden, zurück. Mit einem solchen emotionalen Erlebnis erreichen Sie oft mehr bei Ihrem potenziellen Entscheider als mit vielen guten technischen oder wirtschaftlichen Argumenten.

- **Jubiläums-Veranstaltung**

  Jede Veranstaltung, mit der Sie neue Kunden anziehen wollen, braucht **einen plausiblen Anlass.** Ein simples „Wir haben offen, kommen Sie doch mal vorbei!" lockt eben niemanden hinter dem Ofen hervor. Wenn Sie aber aufgrund Ihres 1-/5-/10-/25-jährigen Firmenbestehens einen besonders großen Ballon starten, dann ist das für jeden nachvollziehbar. Lassen Sie solche Gelegenheiten auf keinen Fall aus und laden Sie im großen Stil alle Ihre Kontakte (auch Ihre Stammkunden) zu einem großen Fest ein. Wie dieses genau aussieht, liegt im Wesentlichen an Ihren Zielgruppen – bietet sich eher einen „**öffentlicher**" **Event für Privatkunden** an oder eine „**geschlossene Gesellschaft**" für Geschäftskunden – oder vielleicht beides?

- **Regionale oder lokale Leistungsschau (Verbrauchermesse)**

  Wenn Ihr Vertriebsgebiet auf eine Region oder ein lokales Umfeld begrenzt ist und Ihre Zielgruppe hauptsächlich Privatkunden sind, dann gibt es für Sie mit Sicherheit eine Menge interessanter Veranstaltungen, die von den örtlichen Handels- und Gewerbevereinen, den regionalen Wirtschaftsförderungen oder privaten Veranstaltern regelmäßig als **„Schaufenster der Wirtschaft"** durchgeführt werden. Interessant sind solche Veranstaltungen vor allem durch die stets **hohe Kundenfrequenz**, die vergleichsweise **niedrigen Kosten** und die **Aufgeschlossenheit der Besucher**. Hier können Sie 1:1, im direkten Dialog, neue Kunden gewinnen und Ihre Stammkunden an sich erinnern oder auf neue Leistungen Ihres Unternehmens aufmerksam machen.

- **Roadshow**
  Eine **Hausmesse** habe ich ja bereits oben beschrieben. Wenn Sie diese nun aus Ihren Räumlichkeiten herauslösen und **mobil** machen, diese an verschiedenen geografischen Standorten durchführen, dann haben Sie eine Roadshow. Ihr Vertriebsradius ist überregional – ganz egal, ob Sie Geschäftskunden (B-to-B) oder Privatkunden (B-to-C) gewinnen wollen – dann kann es ein probates Mittel sein, dass Sie sich zu Ihrem Markt hin bewegen. Je nach Ihrer Branche, je nach Ihrem Fokus, bieten sich die unterschiedlichsten Formen an – ob Promotion-Truck, Infostände bei Verbrauchermärkten, in Einkaufszentren, Stände auf Hausmessen Ihrer Kooperationspartner, Vortragsreihen in Konferenzzentren oder Hotels... – **es gibt immer die richtige Location, die zu Ihrem Unternehmen und zu Ihren Neukunden passt.**

- **Saisonale Veranstaltungen**
  Wenn Sie sich scheuen, rein inhaltlich aktiv zu werden, dann bietet sich auf jeden Fall eine saisonale Veranstaltung an. Mögliche Anlasse sind: Frühlingsfest, Karneval/Fasching, Kirsch-/Apfelblüte/Spargelzeit..., Sommerfest, Herbstfest, Advent, Neujahr und, und, und. Zu diesen **kalendarischen Ereignissen** oder auch **regional speziellen Highlights** können Sie eine gelungene eigene Veranstaltung etablieren – wichtig ist nur ein für Ihre neuen oder bestehenden Kunden nachvollziehbarer äußerer Anlass.

- **Seminar**
  Als Unternehmer verfügen Sie mit Sicherheit über ein ganz **spezifisches Fachwissen** in Ihrer Branche oder Ihrem Tätigkeitsbereich. Sind Sie bereit, dieses Wissen zu teilen und an interessierte Personen zu vermitteln, dann haben Sie mit einem Seminar (oder besser einer ganzen Reihe von Seminaren) eine sehr subtiles und wirksames **Veranstaltungsformat**, das Ihnen kontinuierlich neue Kunden zuführt, da Sie sich als Experte profilieren.

- **Tag der offenen Tür**
  Ganz sicher gibt es eine Menge potenzieller Kunden für Ihr Unternehmen, die eine Hemmschwelle haben, Sie direkt zu kontaktieren oder gar in Ihr Unternehmen zu kommen. Mit einer Einladung zu einem „**unverbindlichen**" **Tag der offenen Tür** erreichen Sie solche Kunden, die erstmals einen zaghaften Schritt in Ihr Unternehmen wagen, um sich ein Bild zu verschaffen. Natürlich können Sie für Endkunden in diesem Zusammenhang ein **riesiges Volksfest** inszenieren, Betriebsführungen anbieten und allerlei Anreize schaffen – oder Sie haben einfach nur „**offen**". Letzteres praktizieren sehr erfolgreich die Möbel- oder Autohäuser mit ihren **Schausonntagen**, bei denen definitiv kein Kunde vom Verkaufspersonal angesprochen wird, weil auch kein Verkaufspersonal anwesend sein darf.

- **Workshop**
  Last but not least: der Workshop. Mit diesem Veranstaltungsformat binden Sie Ihre Interessenten, Neukunden und Stammkunden natürlich am intensivsten mit ein, denn es soll ja **mitgearbeitet** werden. Im Gegensatz zu Fachvorträgen, bei denen Sie einseitig Informationen übermitteln, wird hier **gemeinsam etwas erarbeitet.** Das motiviert die interessierten Teilnehmer und bildet direkt Sympathiewerte für Ihr Unternehmen. Achten Sie aber darauf, dass jeder der Teilnehmer auch für sich selbst einen Nutzen aus dieser Mitwirkung ziehen kann, dass er seine Teile des Erarbeiteten (auch geistige Ergebnisse) stolz herumzeigen oder anwenden kann. Zwei spontane Beispiele: **Beispiel 1:** Als Handwerksbetrieb (z. B. als Sanitärinstallateur) zeigen Sie Ihren interessierten Kunden im Rahmen eines Workshops, wie man

Abflüsse sauber halten und einfache Verstopfungen selbst beseitigen kann. **Beispiel 2:** Als Webdesigner oder Werbeberater erarbeiten Sie gemeinsam mit Ihren Kunden im Workshop eine jeweils individuelle Strategie zur Suchmaschinenoptimierung der jeweiligen Kundenhomepage oder zur Optimierung der inhaltlichen Struktur.

Wenn Ihr erster Reflex nun lautet: **„Warum sollte ich mein wertvolles Fachwissen – ohne Not – kostenlos preisgeben?“**, dann sind Sie hier natürlich falsch. Aus meiner Erfahrung und Überzeugung heraus gewinnen Sie aber deutlich schneller Kunden, indem Sie etwas preisgeben, das für Ihre Kunden einen echten Mehrwert bietet. Dadurch erreichen Sie zuallererst einen **Bekanntheitsgrad**, etablieren Ihr **Renommee als kompetenter Experte** und darüber hinaus schaffen Sie **Sympathie und Vertrauen.** Dies alles wird sich für Sie auf jeden Fall lohnen.

Auf den Punkt gebracht

Sicherlich erhebt diese Liste nicht den Anspruch auf Vollständigkeit. Sicherlich geht es in der Praxis nicht immer so „trennungsscharf“ zu, denn es gibt Überschneidungen zwischen den einzelnen Veranstaltungskonzepten, d. h. Mischformen zwischen den einzelnen Formaten. Und ganz sicher ist nicht jedes Veranstaltungsformat für jedes Unternehmen sinnvoll und leistbar.

Wenn Sie diese Auflistung kritisch durchgehen und als Inspirationsquelle für Ihr Unternehmen betrachten, dann wird bestimmt die eine oder andere **Veranstaltungsidee** vor Ihrem geistigen Auge auftauchen. Aber bitte, zünden Sie kein Strohfeuer mit einer einmaligen (Pilot-)Ausgabe, sondern **stellen Sie gleich die Weichen auf ein nachhaltiges – weil langfristiges – Konzept.** Sie werden sehen, dass sich Ihre Veranstaltung erst etablieren muss und die Zahl Ihrer Besucher erst nach und nach anwächst. Ich möchte Sie trotzdem ermutigen, Ihre Kundengewinnungs- und Kundenbindungs-Strategie durch ein stimmiges **Veranstaltungskonzept** zu unterstützen, denn mit jeder Veranstaltung kommunizieren Sie Ihren Expertenstatus und senken gleichzeitig die Hemmschwelle potenzieller Neukunden herab, auf Sie und Ihr Unternehmen zuzugehen.

10 Kundengewinnung durch Vertriebsdifferenzierung

Selbst ein etabliertes Unternehmen mit gut eingespielten Vertriebsorganen erreicht irgendwann einmal eine Grenze des Wachstums. Wenn das maximale Potenzial der erreichbaren Kunden für die bestehenden Leistungen/Produkte im angestammten Wettbewerb erreicht ist, dann gibt es drei **Möglichkeiten, um die Absatzzahlen wieder wirksam zu erhöhen:**

[1] **Innovationen**, d. h. neue Produkte oder Dienstleistungen entwickeln und diese in den bestehenden Vertriebskanälen absetzen.

[2] **Vertriebsdifferenzierung**, d. h. das bestehende Angebot in neuen Absatzkanälen vermarkten.

[3] **Eine Mischung aus 1.) und 2.)**, d. h. ein verändertes Produkt- oder Leistungsangebot für neue Vertriebskanäle entwickeln und dort gesondert vermarkten.

In diesem Kapitel beschäftige ich mich im Schwerpunkt mit den Lösungsansätzen 1. und 2., also der **Vertriebsdifferenzierung.** Viele unserer Beratungskunden haben in den vergangenen Jahren solche Projekte durchgeführt, auch um sich auf strukturellen Wandel einzustellen oder um sich aus der völligen Abhängigkeit vom angestammten Klientel zu lösen.

Vertriebsdifferenzierung durch veränderte Absatzkanäle

Ein sehr plakatives Beispiel zu einer solchen Maßnahme hat zuletzt im Mai 2013 der deutsche Importeur von Kia Motors abgeliefert – den Vertrieb zweier Modelle über den Kaffeeröster Tchibo:

„Mit dieser Kooperation wollen wir unsere Zielgruppe in einem anderen Umfeld ansprechen und überraschen", so Axel Blazejak, Direktor Marketing von Kia Motors Deutschland. *„Gerade in herausfordernden Zeiten ist Kreativität gefragt, um neue Interessenten in die Ausstellungsräume unserer Händler zu führen."*

Quelle: W&V

Ganz ähnliche Aktionen gab es bereits mit zeitlich beschränkten und vergünstigten Bahntickets, Flügen usw. bei Tchibo oder Aldi. Sicherlich gibt es noch viel mehr Beispiele, das Prinzip ist aber immer das Gleiche: Die Win-win-Situation zwischen dem Vertriebspartner mit einer hohen Zahl von Kunden (bzw. Inhabern von Kundenkarten und Empfängern des Aktions-Newsletters) und dem **attraktiven und exklusiven Angebot mit Überraschungsfaktor.**

Eine erfolgreiche Vertriebsdifferenzierung können Sie aber auch realisieren, indem Sie neben der traditionellen Vermarktung Ihrer Produkte über den stationären Fachhandel zusätzlich einen Direktvertrieb, z. B. über einen Online-Shop aufbauen. Es gibt zahlreiche Beispiele von traditionellen Fachhändlern, die sich sehr erfolgreich im eCommerce etabliert haben. Ein konkretes Beispiel ist der Shop www.fahrrad.de, dessen Betreiber den stationären Fachhandel inzwischen komplett aufgegeben hat.

Ebenso ist es als Trend zu erkennen, dass immer mehr Hersteller von Markenprodukten versuchen, **die gesamte Wertschöpfungskette im eigenen Haus zu behalten.** Dies reicht bis in den Einzelhandel, d. h. den direkten Vertrieb an Endkunden – am traditionellen Fachhandel vorbei. Zahlreiche Beispiele aus Mode (s.Oliver), Lifestyle (Adidas), Schmuck (Wellendorff) oder Elektronik (Apple) sind Indiz dieser Entwicklung. Auch im Automobilbereich findet seit Jahren eine Umwälzung des Vertriebs, weg von Vertragshändlern hin zu eigenen Niederlassungen, statt.

Verändertes Produkt- oder Leistungsangebot für neue Vertriebskanäle

Ein Klassiker dieser Abteilung sind sicherlich Zweitmarken, die von Markenartiklern (Food & Nonfood) in der Discount-Schiene bei Aldi, Lidl und Co. massenhaft abgesetzt werden. Einen kleinen Einblick gewährt der Artikel „So tarnen sich teure Marken als Billigware im Discounter" der Welt. Dieses Erfolgsmodell funktioniert nach folgenden Spielregeln: Die Zweitmarke erwirtschaftet zwar kaum eine nennenswerte Marge, weil die Discounter den Preis gnadenlos drücken. Dafür stimmt aber einigermaßen verlässlich die Menge der abgesetzten Einheiten, und dies trägt zumindest zur **Kostendeckung bei Entwicklung und Produktion** bei. Mit der eigentlichen Marke kann dadurch ein umso **höherer Erlös erwirtschaftet** werden.

Andere Beispiele liefern pfiffige Mittelständler, darunter einige unserer Kunden, die parallel zum eigentlichen Kerngeschäft neue Kundengruppen erschlossen haben.

- **Beispiel 1:** Ein Kunststoffverarbeiter, der seit vielen Jahren erfolgreich als Automobilzulieferer in Entwicklung und Kleinserienfertigung aktiv ist. Mit dem vorhandenen Know-how, dem vorhandenen Maschinenpark und den vorhandenen Mitarbeitern werden in auftragsschwächeren Zeiten Wahlurnen und Wahlkabinen produziert. Diese werden über einen eigenen Online-Shop sehr erfolgreich an Kommunen, Gewerkschaften etc. vertrieben und sorgen für ein deutlich schwankungsfreieres Wirtschaften im Unternehmen.
- **Beispiel 2:** Ein industrieller Schreinereibetrieb ist spezialisiert als Zulieferer für große Messe- und Ladenbauunternehmen. Ein breites Spektrum an Lösungen rund um Messestände, Ladenbau, Displays etc. wurde in den vergangenen 25 Jahren entwickelt. Die hohe Abhängigkeit von saisonalen Spitzen unter „Volllast" und regelmäßig darauf folgenden „Ruhephasen" machte dem 100 Mitarbeiter zählenden Unternehmen sehr zu schaffen. Durch

den Aufbau zweier eigener Möbellinien und den eigenen Direktvertrieb kann nun die Produktion wesentlich gleichmäßiger ausgelastet werden, und die Ertragssituation ist unabhängiger von den wenigen Bestandskunden.

- **Beispiel 3:** Eine Vertriebsorganisation beschäftigt sich seit vielen Jahren mit der Beratung und dem Verkauf rund um hochwertige Netzwerkmesstechnik. Im Sortiment sind bekannte Produkte des marktführenden Herstellers, aber auch preisgünstigere Alternativen. Nachdem bei der Marktbearbeitung immer wieder Hemmnisse, aufgrund des hohen Einstandspreises für diese Geräte, auftauchten, wurde eine klare Vertriebsdifferenzierung entwickelt, die auch tatsächlich sehr gut vom Markt angenommen wird: Netzwerkmessungen/Diagnosen als Dienstleistung! So kann das Unternehmen nun, neben dem reinen Produktvertrieb, mit dem Dienstleistungsbereich ganz neue Kundengruppen erschließen.

Auf den Punkt gebracht

Nahezu jedes Unternehmen kann durch eine Vertriebsdifferenzierung **ein weiteres Standbein „out of the Box"** realisieren. Allerdings ist hierzu etwas Kreativität erforderlich oder gute Beratung von objektiven Außenstehenden oder besser beides. Auch **Sensibilität** ist gefragt, denn wenn Sie mit Ihrer neuen Vertriebsform u.U. im Revier Ihrer aktuellen Bestandskunden oder Vertriebspartner „wildern", dann ist schnell viel wertvolles Porzellan zerschlagen, sprich Vertrauen verloren.

11 Kundengewinnung durch Weiterempfehlungs-Marketing/Referenzen

Ganz viel wertvolles Potenzial wird bei der Kundengewinnung durch mangelnde Referenz-Darstellung und durch nicht ausreichend motivierte „Weiterempfehler" vernachlässigt – das zeigt mir meine fast 25-jährige Berufspraxis in der Beratung mittelständischer Unternehmen.

Dabei ist doch nichts überzeugender und bestechender als eine **positive Kundenaussage** über eine Unternehmensleistung oder ein Produkt.

Ein ganz anschauliches und nachvollziehbares Beispiel aus der Gastronomie:

> Sie gehen durch eine Fußgängerzone mit mehreren Bars, Restaurants und Cafés mit Außenbewirtschaftung. Sie haben Durst oder Hunger. Sie suchen im Regelfall Ihren Platz dort, wo am meisten los ist – ob Sie es wollen oder nicht. Das ungeschriebene **„Gesetz der Masse"** hält Sie unweigerlich davon ab, sich in ein völlig leeres Café zu setzen, obwohl nebenan fast alle Tische belegt sind.

Diese psychologische Komponente gilt definitiv für alle Unternehmen – **attraktiv, weil begehrt, oder uninteressant, weil nicht (oder nicht nachvollziehbar) frequentiert.**

Aus diesem einfachen Grund sollte jeder engagierte Unternehmer peinlichst darauf achten, dass seine Referenz-Darstellung stimmt, möglichst umfangreich ist, und die zufriedenen Kunden als Weiterempfehler/Multiplikatoren agieren. Alle potenziellen Neukunden orientieren sich gerne an anderen (vor allem zufriedenen) Kunden, an klangvollen Namen in der Kundenliste oder an nachprüfbaren Belegen der Leistungsfähigkeit eines Unternehmens. Bei der **Kaufentscheidung** und der **Überwindung der Hemmschwelle** zur ersten Kontaktaufnahme ist dieses Instrument preiswerter und wirkungsvoller als jede noch so ausgetüftelte Kommunikationsmaßnahme.

Darstellung Ihrer Referenzen – mögliche Formen

- **Dokumentation von Referenz-Projekten (Fotos/Stories)**

  Vom medialen Weg der Streuung einmal völlig abgesehen (also, ob Sie Ihre Referenz-Stories im Internet dokumentieren, eine **Mappe für das Verkaufsgespräch** zusammenstellen oder **im Schaufenster darstellen** – das alles verfehlt seine Wirkung nicht. Noch ein Beispiel: Haben Sie sich schon mal gefragt, warum im Aushang von Banken oder Immobilienbüros Objekte hängen, die mit einem dicken Stempel als „verkauft" gekennzeichnet sind? Das Objekt können Sie zwar nicht mehr erwerben, aber unterschwellig lernen Sie, dass hier offensichtlich kompetent und effizient gearbeitet wird. Klar, das sind **Referenzen!** Je nach Branche bieten sich unterschiedliche Formen der Referenz-Darstellung an, teilweise auch in Kombination. Exemplarische Beispiele aus unserem Kundenkreis und auf unserer eigenen Homepage:

  – BERGER der Betriebseinrichter: Anwendungsbeispiele
  – dataglobal GmbH: Success-Stories
  – modus_vm: Referenz Bowling-Arena

- **Empfehlungsschreiben/Testimonials**

  Lassen Sie Ihre Kunden für sich sprechen und stellen Sie das plakativ dar! Dazu müssen Sie natürlich Ihre Kunden zuerst um das Einverständnis bitten und dann entsprechend motivieren, Ihnen einige verwendbare Zeilen zu senden. Mit etwas Charme und gutem Zureden sollte Ihnen das gelingen! Verwenden können Sie diese Empfehlungsschreiben/Testimonials in einer Mappe (in Papierform oder als Sammlung von PDF-Dokumenten), die Sie **mit jedem Angebot verschicken** oder **beim persönlichen Verkaufsgespräch** vorlegen. Ferner bietet sich jede dieser Erfolgsgeschichten auch zur **Nutzung in Ihrem Newsletter** oder **auf Ihrer Homepage** – auch zur Darstellung **in Ihrem Newsbereich** – an. Hierzu ebenfalls wieder exemplarische Beispiele aus unserem Kundenkreis und auf unserer eigenen Homepage:

  – BERGER der Betriebseinrichter: Überzeugte Anwender

- Bürkle & Schöck Elektroanlagen GmbH: Aktuelles, Veranstaltungen und Wissenswertes
- modus_vm: Kunden über uns

- **Kundenliste**

  Die Benennung und Darstellung Ihrer Kunden schafft **Transparenz und Vertrauen.** Führen Sie auf jeden Fall eine stets aktuelle Kundenliste (mit zufriedenen Kunden), so dass sich ein Interessent dort jederzeit erkundigen kann. Diese Liste sollte sowohl auf Ihrer Homepage verfügbar sein, als auch mit jedem Angebot oder **im persönlichen Verkaufsgespräch** kommuniziert werden. Über die Auflistung Ihrer aktuellen Kunden (Quantität und Qualität) transportieren Sie eine Menge **Informationen über Ihre Leistungsfähigkeit**, über die Sie ansonsten viele Worte verlieren müssten. Einige Beispiele aus unserem Kundenkreis und auf unserer eigenen Homepage:
  - dataglobal GmbH: Referenzen
  - Treuhand Stuttgart GmbH: Mandanten und Branchen
  - modus_vm: Kundenliste

- **Testimonial-Kampagne**

  Noch offensiver gehen Sie mit Referenzen um, indem Sie Ihre Kunden aktiv in Ihre Kommunikationsstrategie einbinden. Beispiele sind sogenannte „Testimonial"-Anzeigenkampagnen, -Plakatmotive, -Messeposter oder -Werbebanner im Internet, auf denen Sie Ihre **Kunden mit positiven Aussagen über Ihre Leistungen für sich zu Wort kommen lassen.**

- **Pressearbeit/PR**

  Machen Sie herausragende Projekte (Best Practices) und individuelle Kundenlösungen **öffentlich.** Indem Sie – immer das Einverständnis und Mitwirken Ihres Kunden vorausgesetzt – eine abschließende Dokumentation Ihrer Leistungen zum Bestandteil Ihrer regelmäßigen Pressemitteilungen machen, binden Sie einerseits Ihren Bestandskunden (auch er erhält eine verstärkte öffentliche Wahrnehmung) und andererseits **schärfen Sie Ihre Kompetenzdarstellung** für potenzielle Neukunden.

Referenz-Kunden aktiv als Vertriebsorgane gewinnen

Kundenzufriedenheit ist oberste Unternehmerpflicht – darüber muss ich nicht gesondert schreiben. Wenn Sie es aber schaffen, **Ihre zufriedenen Kunden systematisch zu begeisterten Fans zu machen**, dann wird das Ganze für Ihre Kundengewinnung relevant. Es gibt einige Instrumente, mit denen Sie Ihr **Weiterempfehlungs-Marketing** strategisch aufbauen können und erfolgreich ein „**Kunden-werben-Kunden-Programm**" anstoßen.

- **Social Media/Empfehlungsplattformen**

  Neben der 1:1-Situation, in der Ihr Kunde „über den Gartenzaun" für Sie werben kann, gibt es heute eine noch viel potentere Umgebung – die virtuelle Welt der **Sozialen Netzwerke** wie Facebook, Google+ & Co. oder **Empfehlungsplattformen** für nahezu jede Branche. Versäumen Sie auf keinen Fall, Ihre Kunden aktiv darum zu bitten, hier **positive Statements** über Sie zu verfassen oder Ihnen ein „Like" zu geben. Diese höfliche Aufforderung sollte auf Ihrer Homepage erkennbar sein, auf allen schriftlichen Korrespondenzen (auch in Ihrer E-Mail-Signatur) stehen, und Sie sollten das im persönlichen Kundengespräch nochmals explizit betonen!

- **Vergünstigungen**

  Dieses klassische Beispiel bietet sich für z. B. für das Handwerk an: Wenn Sie als Bauunternehmer, als Architekt oder Handwerksbetrieb eine besonders anspruchsvolle Immobilie realisieren, dann können Sie dies als „begehbare" Referenz benutzen, indem Sie mit dem Bauherren einen gewissen Preisabschlag vereinbaren. Ihr Teil der **Win-win-Situation** ist es dann, dass Sie mit potenziellen Interessenten diese Immobilie bzw. Ihr Werk besichtigen dürfen und der Bauherr natürlich nur Gutes über Ihre Leistungen zu berichten weiß. Ähnliche Formen gibt es auch in anderen Branchen.

- **Gutscheine**

  Geben Sie Ihren Kunden nach dem Kauf oder nach Abschluss des laufenden Projektes einen Gutschein – zur Anrechnung auf weitere Leistungen/Produkte Ihres Hauses. Und geben Sie gleichzeitig einen zweiten Gutschein mit aus, den Ihre Kunden an Freunde/Geschäftspartner weiterreichen können – **als Willkommens-Geschenk für neue Kunden.** Dies bindet Ihre Kunden und macht sie gleichzeitig zu Weiterempfehlern – ohne dass sie selbst aktiv „Verkaufsgespräche“ führen müssen. Das ist subtil und sehr wirkungsvoll.

- **Provisionen**

  Wenn Sie sich auf das gute Zureden nicht verlassen wollen, dann entwickeln Sie ein **Vergütungssystem für Weiterempfehlungen.** Je nach Branche und Geschäftszweig muss und kann sich das natürlich unterscheiden – entweder durch eine Pauschale pro neuem Kunden oder umsatzabhängig, prozentual entsprechend dem Auftragsvolumen.

  Ein besonders charmantes Beispiel hierfür habe ich beim Böblinger Fenster- und Türenbauunternehmen Markus Lieber GmbH Bauelemente entdeckt. Hier werden sowohl die Referenzenkunden hervorragend in Wort und Bild auf der Homepage dargestellt als auch optimal zur Weiterempfehlung motiviert. Der Kunde kann, je nach Lust und Laune, pro neuem Kunden, den er wirbt, € 50,– in bar kassieren oder wahlweise als Spende für den Förderverein einer Kinderklinik aktivieren. Das ist psychologisch sehr gut, denn viele Kunden sträuben sich förmlich gegen eine Vergütung für die Weiterempfehlung (man hat das ja schließlich nicht nötig) – aber für einen guten Zweck aktiv zu werden, ist schon eine ganz andere Sache. Dieses Beispiel ist wirklich eine sehr vorbildliche – und wie ich weiß, auch gut angenommene – Lösung.

Auf den Punkt gebracht

Werfen Sie alle falsche Scham über Bord! Es ist definitiv keine Betteltour, wenn Sie Ihre Kunden zur Mitwirkung überzeugen. Selbst das einst so träge Handwerk hat das Potenzial des **Weiterempfehlungs-Marketings** längst erkannt und generiert traumhafte Erfolge mit diesem Instrument. Wenn Sie nach wie vor unschlüssig sind oder Ihnen die richtigen Ideen fehlen, dann holen Sie sich doch einfach externen Rat durch einen professionellen Berater wie mich und mein Unternehmen modus_vm. Wir oder andere Beratungsunternehmen können Ihnen unglaubliche Potenziale für Ihre **Kundengewinnung durch Ihre Kunden** aufzeigen, wenn Sie diese zu Fans machen!

Stichwortverzeichnis